AF461468

SOCIÉTÉ

D'AGRICULTURE, SCIENCES ET ARTS

DE MEAUX.

COMICE DE CRÉCY.

PRÉSIDENCE DE M. VIELLOT,

Président du Tribunal civil et Membre du Conseil général.

30 MAI 1858.

MEAUX.
IMPRIMERIE A. CARRO.

1858.

SOCIÉTÉ

D'AGRICULTURE, SCIENCES ET ARTS DE MEAUX.

PROCÈS-VERBAL

DE LA

SÉANCE DU COMICE

TENU

A CRÉCY

Le Dimanche 30 Mai 1858.

Chacune des localités où le Comice a transporté ses solennités agricoles depuis six ans, offrait des différences fort bien tranchées ; aspect, souvenirs, productions, industrie, tout cela était divers et distinctement caractérisé.

Ainsi, c'était Chelles, avec les restes de sa grande et royale abbaye, Chelles la faneuse, assise auprès de ses vastes prairies qui font maintenant sa richesse et son renom ; puis La Ferté-sous-Jouarre et ses délicieuses vallées, et la renommée européenne de ses meulières ; Rutel, la ferme aux champs, ferme qui fut un château, château où logèrent deux rois, Henry V d'Angleterre et Henry IV de France ; Dammartin qui de sa montagne aux horizons sans bornes semble régner sur une des plus riches contrées agricoles de l'empire. Le dimanche 30 mai c'était Crécy, la gracieuse petite cité, qui abrite dans la riante et ombreuse vallée du Morin, son bien-être, son aisance et ses calmes loisirs.

Crécy, comme tant d'autres villes jadis, a été une ville de guerre, une ville très forte même. Je ne sais si elle s'en trouvait bien, mais à sa physionomie tout avenante on est porté à croire qu'elle n'a point à regretter la physionomie sombre d'un château à créneaux et meurtrières. Ce n'est pas qu'elle n'ait eu de belles pages militaires, et l'un de ses enfants, M. Th. Lhuillier, racontait l'année dernière, dans un journal local (1), et avec beaucoup de talent, les faits énergiques de sa milice.

Crécy a aussi son illustration scientifique, le mathématicien Camus, sur lequel M. Lhuillier a donné également une bonne notice, et que sa ville natale ne doit point oublier. Toutes les petites villes n'ont pas une pareille bonne fortune.

Quoiqu'il en soit, Crécy a rejeté sa cuirasse de murailles et de tours, elle l'a trop rejetée même, il en reste à peine des traces, et si elle a gagné quelque chose en comfortable elle a considérablement perdu en intérêt pittoresque, c'est un reproche qu'elle nous permettra de lui adresser.

Mais c'est le seul.

Quel accord parmi tous ses habitants, quelle initiative de la part de M. Desplanques, maire, et du corps municipal, pour célébrer dignement la fête de l'Agriculture! Tous y ont apporté leur offrande, un très grand nombre leur travail, et l'un d'eux, surtout, M. Simon, un goût parfait d'artiste, ce goût qui donne tout le prix aux efforts et à la dépense.

La belle promenade aux arbres séculaires qui tient à la ville, offrait au reste un charmant emplacement pour la

(1) Journal de Seine-et-Marne.

fête; une de ses extrémités recevait le concours des animaux: tout auprès, était le champ du labourage et d'expérimentation des instruments agricoles, ainsi il y avait là un caractère d'unité qu'il est trop souvent impossible de donner à un Comice.

A l'entrée de la promenade, M. Simon avait fait élever un arc de triomphe d'une ordonnance à la fois grande et ingénieuse. Quatre pilastres de chaque côté supportaient la retombée d'un arc en plein cintre que décoraient des feuillages, des fleurs et des gerbes. Entre chaque groupe de pilastres, un rouleau, un véritable rouleau à rouler les terres, figurait un tronçon de colonne, que terminait un chapiteau dont la courbe élégante était formée par des faucilles adossées.

Il supportait un véritable trophée agricole très artistement disposé, où figuraient les productions du pays, le lait, le vin, l'huile, dans des vases de cristal; le beurre, le fromage, la farine, dans des vases de porcelaine entourant un bouquet d'épis émaillé de bluets et de coquelicots, qui surmontait le tout. Le décor, on le voit, s'adressait à l'intelligence en même temps qu'aux yeux.

Une succession d'arcades avec guirlandes traversait presque toute la ville, sur l'une des places de laquelle se dressait une colonne aussi en feuillages, de plus de 13 mètres de hauteur. Aux angles de son piedestal des cornes d'abondance en osier versaient dans des corbeilles, le blé, l'avoine, la minette et le colza.

Et tout cela le soir étincelait d'illuminations colorées, à toutes les fenêtres chatoyaient des lanternes vénitiennes, et la tour de l'église elle-même élevait comme un élan de reconnaissance vers Dieu la couronne de feu qu'elle projetait au milieu des airs.

Mais revenons au Comice. A 2 heures et 1/2, les différents juris avaient terminé leurs opérations et la foule remplissait une vaste tente, bien trop petite encore pour son empressement.

Avec M. le président ont pris place sur l'estrade : MM. Conrad et Roy, sous-préfets de Meaux et de Coulommiers ; MM. Gareau et Josseau, députés au corps législatif ; M. le comte de Moustier et M. de Junquières, membres du Conseil général ; M. le comte de Courcy, président, et M. Hamel, secrétaire de la société d'Agriculture de Rozoy ; M. Guillemain, procureur impérial ; MM. les maires de Meaux, de Crécy et de La Ferté-sous-Jouarre ; M. Gibert, adjoint de Crécy ; M. de Ronay, gendre de M. Pereire ; M. Marbeau, trésorier des Invalides de la marine ; M. de la Chauvinière, ancien colonel d'état-major de la garde nationale de Paris ; le bureau et les membres du Comice ; MM. les jurés et beaucoup d'autres personnes notables des deux arrondissements.

Le corps de musique des Dragons de l'Impératrice en garnison à Meaux, conduit par l'artiste éminent qui en est le chef, M. Conty, a pris part à la fête en faisant alterner sa brillante harmonie avec les différentes autres phases de la séance.

A six heures, un banquet disposé dans une seconde tente réunissait près de 300 convives. Au dessert, au milieu de l'animation qu'inspirait cette belle fête, M. le président Viellot s'est levé et a porté le toast suivant :

A l'Empereur !

Messieurs, ce nom rappelle deux sentiments qui réunis constituent toute la force de la nation française : devoir et dévouement. Devoir, Messieurs, l'Empereur n'est-il pas l'homme du devoir ? L'intérêt qu'il porte à sa patrie, le rang où il a su la placer, la hauteur de ses vues, tout prouve que S. M. connaît ses devoirs envers le pays.

Quel doit être le sentiment qui nous anime? le dévouement envers l'Empereur. C'est par l'admirable union de ces deux principes, *Devoir et Dévouement* que notre France sera glorieuse et prospère.

Dévouement aussi envers l'Impératrice, Messieurs, elle si bonne, si charitable, si dévouée pour soulager toutes les infortunes et surtout les malheurs du pauvre.

A l'Empereur, à l'Impératrice, au Prince impérial !

Les autres toasts ont été portés :

Par M Conrad, sous-préfet de Meaux :

Aux Lauréats !

A ces vaillants soldats du travail qui, par leur probité, par leurs excellents et loyaux services, ont su conquérir notre affectueuse sympathie. Qu'ils n'oublient jamais que, dans toutes les classes de la société, le plus beau titre de noblesse c'est l'honneur ! A nos chers lauréats !

Par M. Roy, sous-préfet de Coulommiers :

Messieurs,

C'est de tout cœur qu'au nom de l'arrondissement de Coulommiers je porte un toast à l'arrondissement de Meaux ! à sa Société d'agriculture !

Messieurs, si dans votre bel arrondissement nous comptons de nombreux, de redoutables rivaux, nous n'y voyons, avant tout, que de loyaux amis, que de bons voisins, chez lesquels, on ne saurait trop le dire, nous sommes toujours sûrs de trouver la plus franche et la plus cordiale hospitalité.

Aussi, dans ces luttes pacifiques où nous n'avons pour toutes armes que le travail et l'intelligence, sommes-nous fiers de nous mesurer avec vous, et vainqueurs ou vaincus, nous ne cherchons, après les récompenses proclamées, qu'à vous égaler en courtoisie.

A la Société d'agriculture de Meaux ! dont les lumières et les utiles travaux ont puissamment contribué au développement des progrès et des sages améliorations que nous constatons chaque jour dans notre fertile Brie, cette terre classique de la culture !

Porter un toast à la Société d'agriculture de Meaux, c'est tout naturellement porter la santé de son digne et si habile président, de l'honorable M. Viellot, qui est vraiment l'âme de vos comices, de M. Viellot, que son noble cœur conduit partout où il y a des encouragements à donner à nos braves cultivateurs, partout où il y a une pensée moralisatrice à exprimer, partout où il y a une bonne action à faire.

A l'Arrondissement de Meaux !

A sa Société d'agriculture !

Par M. le comte de Moustier, membre du Conseil général :

Messieurs,

Au nom du canton de Crécy, heureux et fier de vous posséder aujourd'hui, et aussi, si vous le permettez, au nom de l'arrondissement de Meaux dont le représentant naturel a toujours le même cœur, mais n'a pas de voix aujourd'hui, je remercie bien sincèrement M. le sous-préfet de Coulommiers des paroles cordiales et chaleureuses qu'il vient d'adresser à notre arrondissement, à sa Société d'agriculture, à notre cher président dans lequel se personnifie tout le bien que nous nous efforçons d'accomplir.

Je crois, Messieurs, répondre à la pensée de M. le sous-préfet de Coulommiers en portant un toast à l'union des arrondissements de Coulommiers et de Meaux.

Former des vœux pour cette union est vraiment chose superflue, elle existe, cette fête la proclame.

Le résultat le plus heureux de ces associations, de ces solennités agricoles est certainement d'établir entre des hommes, qui suivant le cours naturel des choses, n'eussent peut-être pas eu la bonne fortune de se rencontrer, des relations de mutuelle estime, de mutuelle affection.

Vous savez tous combien dans nos réunions ces sentiments naissent et s'entretiennent facilement et quelle influence heureuse ils exercent ; nous y trouvons tout naturellement, presque sans y songer, la solution de la plus grave des questions qui préoccupent toutes les sociétés humaines, nous y trouvons ce grand bien auquel elles aspirent, trop souvent sans succès : la concorde, l'union.

Et pourquoi, Messieurs, ce difficile problème rencontre-t-il parmi nous une solution si simple ? C'est qu'ici il n'y a pas de place pour l'envie. L'envie, cette hideuse mère de toutes les haines et de toutes les utopies !

Loin de là, nos comices sont un foyer d'émulation ; vous invitez chacun à tirer librement parti de sa position, des facultés et des ressources que lui a départies la Providence, à grandir s'il le peut, et, en grandissant, à élever le niveau de la prospérité générale.

N'est-ce pas là le sens de ces ovations accordées il n'y a qu'un moment à ces lauréats de conditions si diverses, et de ces bravos, des chauds serrements de mains qui les ont accompagnés.

Union, émulation, telle est, telle doit rester notre devise, et c'est en la répétant, Messieurs, que j'ai l'honneur de porter la santé des arrondissements de Coulommiers et de Meaux.

Par M. Fournier, vice-président :

A M. de Colombel, l'honorable vice-secrétaire de la Société d'Agriculture de Meaux.

M. de Colombel remplit avec zèle, exactitude et distinction l'honorable mandat que lui a confié la Société.

A M. de Colombel, son digne vice-secrétaire !

Par M. de Colombel :

Messieurs,

En réponse au toast, en vérité bien inattendu, que notre digne vice-président me fait l'honneur de me porter, permettez-moi d'en porter un à mon tour que vous accueillerez tous, j'en suis sûr, avec acclamations.

A la ville, à l'administration municipale, et aux habitans de Crécy !

A la ville de Crécy qui nous fait aujourd'hui une si cordiale, une si splendide réception ! à son administration municipale et à son honorable maire, M. Desplanques, qui ont tant contribué, par leur zèle et leurs largesses, à l'éclat et à la pompe de cette belle fête de l'agriculture ! à ses habitans enfin qui se sont associés de cœur et d'action à cette solennité aussi imposante que touchante !

J'ai déjà assisté, Messieurs, à bien des Comices, et je n'en ai vu aucun peut-être qui ait rencontré de la part des populations locales, un accueil aussi enthousiaste, un empressement aussi universel, un concours aussi spontané et aussi sympathique.

Je bois donc de tout cœur et vous boirez tous avec moi :

A la ville, à l'administration municipale et aux habitants de Crécy !

Les toast terminés, M. Meurant, pharmacien à Crécy, a lu d'une voix forte et bien accentuée les vers suivants :

Qu'ils plaisent à nos cœurs ces combats pacifiques,
Où l'épée a fait place aux instruments rustiques ;
Où l'art de bien tracer de fertiles sillons
Passe l'art d'aligner de brillants bataillons ;
Où le cheval, laissant son attirail de guerre,
Vient, glorieux et fort, travailler à la terre ;
Où la charrue enfin, en de vaillantes mains,
S'exerce noblement à nourrir les humains !
C'est la fête des champs, et c'est aussi leur gloire !
Ici, pas une larme attristant la victoire !
Les vaincus, tout joyeux, avec mille bravos,
Applaudissent aux noms de leurs heureux rivaux.

Les rangs sont confondus. Le grand propriétaire,
L'intelligent fermier, l'agreste prolétaire,
Tous ont droit d'obtenir, pour d'habiles labeurs,
Et la même médaille, et les mêmes honneurs.
Nous n'oublions personne ; et nos belles fermières
Peuvent aussi lutter des fruits de leurs volières.
Oui, tout cela, c'est beau, c'est utile, c'est grand !
C'est le chemin tracé vers un progrès croissant.

Le travail incessant, l'ardeur et le courage
Ne peuvent plus suffire à l'homme de notre âge ;
Et la science a dû, venant à son secours,
S'efforcer de l'aider de son puissant concours.
Elle a, depuis cent ans, renouvelé le monde,
Et tout art va puiser à sa source féconde.
Des écoles partout s'ouvrent pour l'ouvrier ;
Chaque jour un progrès simplifie un métier.

Ne laissons pas, amis, la culture en arrière,
Sortons la par degrés de son antique ornière ;
Et faisant un appel au chimiste, au savant,
Marchons résolument, en criant : En avant !
Répandons à grands flots la science agricole ;
Qu'elle ait un professeur en tout maître d'école !

Des champêtres concours les efforts généreux
Produiront parmi nous ces résultats heureux.

Oui ! le savoir bientôt bannira la routine,
Car l'art des Gasparin, des Daubenton, des Pline,
Consentant à quitter ses sublimes hauteurs,
Vient instruire aujourd'hui nos humbles laboureurs.
Ainsi grandit toujours notre France chérie !
Vous donc, actifs fermiers, élite de la Brie,
Vous, riches posseseurs d'un domaine rural,
Nous tous qui désirons le progrès social,
Portons bien haut ce toste : A la noble science !
Elle triomphe ici de la triste ignorance !

Nous avons encore à mentionner un très agréable épisode du banquet. Sur l'invitation que lui en avait adressée M. le Président, M. Conty a placé sa musique en cercle au centre de la salle, et a exécuté avec la perfection d'un ancien premier prix du Conservatoire, un thème dont les variations imitant le babil des fauvettes (c'est le titre du morceau) ont soulevé une triple salve d'applaudissements.

A dix heures, le feu d'artifice traditionnel et toujours si bien accueilli par la foule, a terminé la fête, pour ceux, du moins, qu'un autre et non moins doux attrait n'appelait pas sous les deux tentes consacrées aux joyeuses émotions du bal.

A. C°.

DISCOURS DE M. VIELLOT,

PRÉSIDENT DE LA SOCIÉTÉ D'AGRICULTURE ET DU COMICE,

—

MESDAMES ET MESSIEURS,

C'est une belle et noble pensée que celle qui a pour résultat de rapprocher dans de solennelles occasions les cultivateurs d'une même contrée afin de juger du progrès qu'ils ont fait dans l'art du labourage ou dans l'élève des bestiaux, voilà le noble but que les Sociétés d'agriculture se proposent dans leurs fêtes.

Naguères notre Comice se tenait à Dammartin, c'était au pied de cette redoutable forteresse que se groupait la population agricole de ce riche canton pour attester le progrès du bien-être matériel, et de la civilisation par l'agriculture : aujourd'hui c'est encore au pied d'une de ces cités du moyen âge, témoin de tant de guerres intestines, que nous nous réunissons pour dresser nos tentes symboles de la paix.

C'est l'antique cité de Crécy, ce berceau des Bouchard de Montmorency, c'est cette ville, que dans le douzième siècle on pouvait nommer la ville aux cent tours, puisque l'histoire rapporte que ses remparts étaient défendus par quatre-vingt-dix-neuf tours ou donjons bien fortifiés.

c'est au pied de Crécy que se presse aujourd'hui la population de son vaste et si pittoresque canton, heureuse de cette fête offerte au travail des champs, à la vertu de ces vieux laboureurs qui se sont dévoués à leur maître.

Nul doute, Messieurs, que dans ce beau pays de France, il ne se soit fait depuis 30 ans, une véritable révolution agricole par cette culture que l'on appelle justement culture industrielle, et qui est déjà arrivée à ce dégré de perfectionnement si remarquable que par l'introduction successive des nouveaux fourrages et des plantes sarclées elle a, si non supprimé, du moins diminué dans une notable proportion les anciennes jachères.

Les plantes fourragères se sont tellement propagées que partout où elles sont cultivées, on est parvenu à avoir beaucoup plus de bétail, par conséquent beaucoup plus d'engrais.

Le sol est mieux préparé, mieux amendé, les instruments aratoires ne sont plus ce qu'ils étaient ; les herses, les scarificateurs, les rouleaux, les charrues, les binettes, tout a été perfectionné. Aussi le laboureur, connait-il mieux l'art de diviser, d'ameublir la terre entre chaque labour.

Partout où la culture des betteraves s'est développée avec intelligence, le bétail, qui fait la richesse de l'agriculture s'est accru dans des proportions considérables, c'est-à-dire que dans les pays où cette plante est donnée comme alimentation, soit à l'état de pulpe, soit à l'état de racine, la race bovine et la race ovine ont été augmentées d'un tiers et quelquefois de moitié.

Ce sont les plantes sarclées qui ont permis de substituer la culture alterne à la culture triennale du blé, et la production des céréales, ainsi que les statitisques le démontrent, est beaucoup plus forte qu'autrefois. Voilà les bienfaits de l'agriculture progressive, c'est-à-dire de cette agriculture qui secoue la routine et se fonde sur les principes rationels et éprouvés des sciences.

L'agriculture moderne doit sa richesse de production aux secours apportés par la chimie, la vapeur, la mécanique agricole ; car, comme le disait à la dernière séance publique de la Société d'agriculture de Paris, l'honorable M. Darblay, les machines, sont actuellement un levier puissant destiné à opérer des prodiges en agriculture.

Il règne actuellement, et c'est un bien pour le pays, une activité sans relâche pour le développement des cultures industrielles. De 1841 à 1856 les cultures oléagineuses ont plus que doublé. Et cependant, grâce au drainage, aux engrais naturels et artificiels, un bien plus grand nombre de terres sont ensemencées en céréales et rendent davantage.

C'est la culture industrielle qui seule permet de répondre aux besoins de la population pour la consommation de la viande, qui ne se maintient chère que par la raison qu'on en consomme beaucoup plus, et que dans la plus grande partie de la France, et c'est encore un grand bien, la classe ouvrière se nourrit d'une manière beaucoup plus substantielle. Toutes les études des savants tendent à augmenter les moyens d'engraisser la terre par des composts artificiels, car le fumier qui est le plus puissant et le plus fertilisant des engrais, finit par n'être plus suffisant. Partout dans les Sociétés d'agriculture on s'occupe de traiter les engrais, des moyens de reconnaître leur puissance et de déjouer leurs falsifications; car des spéculations honteuses dénaturent le guano qui arrive chez nous privé de la plus grande partie de ses principes fécondants. !

La Société d'agriculture de Meaux qui ne laisse jamais échapper l'occasion de répandre la lumière, de propager les connaissances scientifiques, a pu, grâce à la complaisance inépuisable d'un de ses membres, s'initier aux secrets de la chimie agricole : M. Lafrance, savant aussi modeste que distingué, a consacré 16 leçons à nous révéler et à nous démontrer les principes de la science, les moyens d'analyser et de décomposer la terre, enfin les régles de l'amendement rationnel.

Il n'est pas, Messieurs, une invention utile, un instrument nouveau, un livre reconnu bon, que la Société d'agriculture n'ait ou expérimenté ou analysé.

De cette diffusion de la science jailliront des conséquences positives. Pour ceux qui, sans préjugés, raisonnent d'après la comparaison, il est une vérité, c'est que les champs d'aujourd'hui ne sont pas ce qu'ils étaient il y a un quart de siècle. Et quand l'argent prendra partout la direction qu'il devrait prendre, quand il ira à la terre, tantôt pour faire du drainage, tantôt pour irriguer le sol, tantôt encore pour le marner; quand les baux seront partout de longue durée, alors la propriété foncière augmentera de valeur, la condition du cultivateur sera plus ferme et plus stable. « Les progrès de l'agriculture, disait l'Empereur à l'ouverture du corps législatif de 1857, sont un des objets de notre constante sollicitude, car, de son amélioration ou de son déclin dépend la prospérité ou la décadence des Empires. » Paroles d'une grande vérité, Messieurs, et qui dans la bouche d'un souverain ont encore plus de poids.

Il est donc évident pour tous, Messieurs, et je crois l'avoir démontré, que le progrès matériel marche vite, chaque année voit de nouveaux efforts et de nouveaux succès. Aide toi, le ciel t'aidera, dit un vieil adage, et la providence qui a voulu que le travail fût la plus noble récompense de l'homme, met partout à la main de l'homme les innombrables richesses du sol. Mais cette activité finira par être stérile, tous les efforts seront impuissants, si les bras intelligents de l'ouvrier ne viennent seconder les pensées du maître, et on sait qu'en France, chez les maîtres hommes de cœur, la pensée qui les domine c'est la moralisation de l'ouvrier par le travail, travail béni de Dieu, travail qui fortifie le corps, travail qui conserve l'esprit de famille.

Or, Messieurs, que se passe-t-il depuis quelques années? il faut bien le dire, un fait très fâcheux et qui est une cause d'incessantes inquiétudes pour l'avenir, je veux parler de cette déplorable immigration des paysans, je me sers à dessein de ce terme, vers les villes : aussi les bras font-ils défaut aux travaux de l'agriculture.

Le paysan, le mot le dit, est l'homme dupays, l'homme qui aime le pays de préférence à tout. Dans la paix. n'est-ce-pas lui qui féconde le sol pour nourrir le pays; dans la guerre, et l'histoire des temps les plus reculés comme celle des temps modernes, le prouve victorieusement, c'est le paysan qui se bat et meurt pour défendre le pays. C'est lui, le paysan qui, il y a huit siècles, sous les mêmes murs de Crécy, se battait pour défendre le sol, alors bouleversé par les guerres de la féodalité. C'est encore lui qui en 1814 et 1815 s'est battu dans ces mémorables plaines de la Champagne et de la Brie et qui souvent a fait reculer l'ennemi beaucoup plus nombreux. Nous avons tous connu de ces braves gens, et vous vous rappelez que c'étaient eux qui, il y a quinze et vingt ans, recevaient nos médailles que plusieurs portaient fièrement à côté de la noble croix d'honneur qui décorait leurs poitrines.

Vingt millions de paysans, disait M. le préfet, de Bourgoing, à notre beau Comice de Rutel, remuent le sol français, le fécondent de leur intelligence, le fertilisent de leurs sueurs et le forcent à produire un capital qui dépasse sept milliards.

Appelons donc l'ouvrier des champs de ce nom significatif de paysan, car, en le prononçant on ne peut y attacher que des souvenirs ou glorieux ou utiles.

Le paysan, tel que je le comprends, tel que nous le voudrions tous, est l'homme qui adore Dieu, qui honore et révère son père, qui est brave soldat, et qui, après la dette payée au pays, revient à son village travailler le même sol que dans sa première jeunesse il avait commencé à labourer. Ne sont-ce pas des paysans auxquels, dans un instant, nous allons remettre ces prix pour des faits qui constituent de véritables vertus.

Le paysan forme la partie la plus saine et la plus robuste de la nation française, et j'ajouterai la plus heureuse quand il pense à son indépendance et à son bonheur, quand il pense au rôle que la providence l'a appelé à remplir sur cette terre : car le paysan est l'homme du devoir et du travail, et n'est-ce point par le travail et le devoir dans toutes les clases que l'homme relève sa belle nature et se rapproche de Dieu ! Le travail ennoblit tout, mais la paressse n'est qu'un véritable suicide moral dont la fin est l'abrutissement suivi d'une mort toujours honteuse.

Cependant, que se passe-t-il ? L'habitant des campagnes déserte son clocher pour aller d'abord à la ville voisine, puis au chef-lieu, puis à la capitale. Il se laisse éblouir par de fallacieuses promesses, suit la pente irrésistible, il devient enfin ouvrier dans la grande ville ; de paysan il est devenu citadin.

Le frère aîné commence. Puis, les autres, entraînés par de prétendus amis, qui leur dépeignent ce qu'ils appellent l'ennui du village, la tracasserie d'une mère vigilante, l'inutilité des conseils et des reproches d'un père plein de bon sens, ils abandonnent enfin la famille. Les voilà installés dans un faubourg de Paris.

Le salaire est plus élevé, soit, ils peuvent gagner le double, soit encore, mais ils dépensent beaucoup plus, car les occasions si faciles et si nombreuses de plaisir leur font perdre insensiblement l'économie, cet art de vivre de peu pour conserver dans la vieillesse. Ils ne connaissent plus la sobriété qui donne la santé ; et après des journées d'un pénible labeur, où cherchent-ils le repos? dans les tavernes où, fréquentant la mauvaise compagnie, ils ne tardent pas à se perdre. Mais ils peuvent se dire domiciliés à Paris. Et quand vient le soir, au lieu de cette douce joie de la famille, des encouragements d'un maître bienveillant, ils se rendent ou plutôt se hissent dans une petite chambre privée d'air qu'ils payent fort cher.

Enfin ils contractent des goûts, des habitudes, des désirs qu'ils ne connaissaient pas. Ils veulent les satisfaire et sont dans la gêne. Bientôt ils courent à la ruine et finissent presque tous malheureusement loin des leurs, loin des amis de leur enfance, car ce n'est point parmi leurs compagnons de plaisir qu'ils trouvent à remplacer les amis qu'ils auraient pu conserver au village.

Ce qui est positif, c'est que le jeune paysan, transfuge de son village, transfuge de cette ferme où tout en travaillant il était bien nourri et respirait l'air natal à pleins poumons, le jeune paysan qui agit ainsi, est, malgré l'élévation du salaire, beaucoup moins aisé que celui qui, fidèle aux traditions de ses pères, tient les mancherons de la charrue et vit heureux et tranquille dans le village où il est né.

Ce que j'ai dit des jeunes gens qui changent si légèrement le repos et la tranquillité dont ils jouissaient pour courir après les chances incertaines d'un bonheur qu'ils n'atteignent pas, je le dis encore avec plus de force et de raison des jeunes filles qui abandonnent la maison maternelle, considérant comme indignes d'elles les travaux de la ferme ou de l'étable et les soins du ménage des champs. On sait ce que celles-là deviennent pour la plupart bien souvent dans les villes, et que de fois les tribunaux enregistrent dans les annales judiciaires les noms de ces jeunes imprudentes qui, riant de la vertu, secouant tous les principes, se précipitent dans le gouffre des grandes villes pour se couvrir d'une infamie qui, à tort, rejaillit même sur leurs parents. Et cependant les maîtres et les fermiers que vous avez quittés étaient bons pour vous, ils souriaient à vos joies, ils partageaient vos peines : vos maîtres étaient vos meilleurs amis.

Mais je n'en finirais pas, si je m'étendais sur toutes les conséquences désastreuses pour les cultivateurs et la société tout entière de cet esprit de vertige qui s'empare de certaine partie de la population des deux sexes dans nos campagnes, esprit de vertige tel que ces déserteurs de la vie des champs, quand ils reviennent momentanément au foyer paternel, ont à peine l'air de reconnaître leurs parents, rougissent presque de la simplicité des mœurs de leurs père et mère, et n'écoutant que la vanité, la pire de toutes les conseillères, les jeunes filles des champs, Parisiennes improvisées, insultent par leur luxe déplacé à la modestie de leur famille.

Voilà le résultat de l'irréflexion, de la manie de sortir de son état, comme si le gage que l'on gagne dans les fermes, gage qui d'ailleurs a été insensiblement augmenté depuis peu, ne suffisait pas pour être heureux ; car ce gage avec les accessoires qui s'y rattachent d'après l'usage, est à peu de chose près, égal au salaire industriel que l'ouvrier reçoit dans les villes, et surtout bien supérieur à celui que les jeunes filles, qui ne veulent plus être dans les fermes, reçoivent dans les fabriques.

Tout le monde reconnaîtra qu'il est cent fois plus facile au paysan travaillant aux champs d'arriver à posséder un petit domaine : la propriété donne à l'homme conscience de sa dignité personnelle. Ne voyons-nous pas nos charretiers, nos bergers, nos batteurs, augmenter l'héritage, le patrimoine laissé par leur père, et les champs si loyalement conquis par le travail ? ne sont-ce pas les maîtres, les fermiers qui donnent leurs chevaux et leurs instruments pour les faire labourer? puis combien de bons paysans possèdent dans nos villages des habitations simples, mais propres, salubres et commodes, d'où dépend un jardin suffisant aux besoins de toute la famille; et cette chaumière, je puis le dire avec le poète actuellement si applaudi, qui dans sa belle comédie de *La Jeunesse*, peint avec tant d'énergie les travers de notre époque (1) :

..... cette chaumière est assez spacieuse
Pour laisser croître en paix la plante précieuse,
Celle qui manque d'air sous vos plombs étouffants,
L'ornement du foyer, le respect des enfants.

Il faut, Messieurs, que le mal que je signale soit bien vrai puisque tous les économistes s'en préoccupent, surtout depuis que le dernier recensement établit que dans les départements qui avoisinent Paris ou les grandes villes, la population rurale a sensiblement diminué. Espérons donc, Messieurs, que par de sages avis il sera possible de faire remonter ce courant rapide qui entraîne vers les grandes cités. Espérons que les chefs de famille comprendront qu'ils doivent tout faire pour fixer leurs enfants près du berceau de leurs ancêtres ; il y va de leur bon-

(1) Emile Augier.

heur, de l'avenir de leur vieillesse. C'est au village qu'ils trouveront le calme, la paix du cœur et cette honnête médiocrité qui assure une aisance relative, et permet d'élever moralement les enfants. C'est la loi de Dieu, c'est aux hommes à suivre cette loi.

Le poète que je citais tout-à-l'heure, s'écrie en parlant du dépeuplement des campagnes, et se demandant la cause du désordre qui déplace toutes les conditions : la cause

Est dans l'encombrement des carrières civiles.
La cause, emportement de nos champs vers les villes.
. . . .
Remettez en honneur le soc de la charrue,
Repeuplez la campagne aux dépens de la rue.

Puis le poète fait parler le cultivateur, heureux de son état, dans ce langage vrai qui me fait penser, Messieurs, à la vie que beaucoup d'entre vous savent apprécier et dont vous êtes le modèle.

Je passe mes journées
A la fraîche senteur des terres retournées.
Aux prochaines moissons, travaillant avec Dieu,
Des choses d'ici bas je m'inquiète peu.
. . . .
Comment le temps charmé, passe-t-il, je ne sais.
Ma journée est trop courte à tout ce que je fais ;
Je rapporte à ma femme, heureuse et souriante,
La fatigue des champs, saine et fortifiante.

Quant à vous, mes amis, vrais et bons paysans, toute votre vie a été bien remplie, probité, dévouement, amour du devoir, voilà les vertus que nous récompensons en vous. Voilà pourquoi toute cette foule s'empresse et accourt pour être témoin de votre bonheur, je puis dire de votre triomphe. C'est en votre honneur que la ville de Crécy, stimulée par le zèle et le patriotisme de M. Desplanques, son maire, et du conseil municipal, s'est imposée des sacrifices considérables pour embellir cette fête qui vous est offerte.

Pour en augmenter l'éclat, d'honorables propriétaires de cet arrondissement sont venus en aide à la Société d'agriculture : qu'ils reçoivent ici le remerciement public du Comice si nombreux et si fort parce qu'il est soutenu par l'esprit d'association. C'est parce que cette fête est toute morale, tout en l'honneur des ouvriers de l'agriculture, de ceux qui connaissent la noble fatigue du labour ; que le Comice compte parmi ses membres de généreux collègues qui sont assez bons pour ne faire jamais défaut à notre appel. Qu'il me soit permis de proclamer leurs noms : le général baron Pelet, dont le nom se rattache à presque toutes les victoires de l'Empire ; M. Gareau, notre digne député, qui a si puissamment contribué à introduire le drainage en France ; M. le baron de Rothschild, toujours prêt quand il s'agit d'une bonne action ; M. le comte de Moustier, membre du conseil général du département, et dans la noble famille duquel la bienfaisance est héréditaire ; M. Emile Pereire ; M. Oudot, de Vaucourtois, qui depuis longtemps sont accoutumés à faire le bien.

Enfin, une foule de personnes du canton de Crécy se sont cotisées pour donner à cette réunion solennelle un appareil inaccoutumé, et cela uniquement parce qu'il s'agissait d'honorer et de glorifier de braves vétérans de l'agriculture et de l'industrie.

—

DISCOURS DE M. CONRAD,

SOUS-PRÉFET DE MEAUX.

MESDAMES, MESSIEURS, ET CHERS CULTIVATEURS,

Après les paroles que les applaudissements de cette immense assemblée, viennent de couronner à si juste titre, je pourrais être mal avisé d'entreprendre un discours.

Tout mon désir, et il est bien sincère, c'est de vous exprimer, chers Cultivateurs, non pas le plaisir, mais le bonheur que j'éprouve au milieu de cette fête du travail.

Il y a quinze jours, j'admirais les efforts intelligents de nos sociétés orphéoniques, aujourd'hui, j'applaudis à la présence de deux grands arrondissements qui sortent d'une lutte toute pacifique et pleine d'honneur ; je contemple avec enthousiasme la véritable richesse de ce beau pays, la richesse agricole.

Honneur à vous, chers Cultivateurs, qui, par votre talent et par votre persévérance, avez su conquérir un si beau titre de gloire ! N'est-ce pas encore du sein de vos campagnes que se sont élancés, à la voix de l'Empereur, la plupart de ces fiers soldats qui, au prix des plus rudes fatigues, au prix de leur sang, ont couvert nos aigles de lauriers immortels !

Entre vos mains, l'agriculture n'est plus une profession ; elle a toute l'importance et tout le prestige d'un art.

Si j'aime à proclamer cette vérité, au point de vue du perfectionnement de la culture, je la retrouve encore dans la distribution si intelligente des récompenses, par laquelle vous rappelez généreusement que tous les arts sont unis pour la prospérité et la gloire de la France. C'est ainsi que l'industrie ne saurait regarder d'un œil envieux ces primes décernées à nos cultivateurs ; sœur cadette de l'agriculture, l'industrie a été conviée de la manière la plus courtoise à entrer en lice : le comice agricole n'oublie jamais de consacrer par une couronne fraternelle l'union intime des ouvriers du sol avec les ouvriers de l'industrie.

Sous le rapport moral, honneur encore à vous, Messieurs, qui cherchez à encourager, à perpétuer, en dépit de nos mœurs un peu volages, ces vertus qui contribuent si efficacement au bonheur de la vie. Autrefois, disent nos pères, le domestique était l'enfant de la famille : il servait son maître par attachement plus que par intérêt ; ensemble, ils vieillissaient ; et souvent avec la douleur d'un fils, le domestique versait au lit de mort de son maître sa dernière larme de regret et d'amour. Si ces vertus du bon vieux temps comptent aujourd'hui de trop nombreuses exceptions, ne désespérons pas de les raviver ; maîtres et domestiques, réchauffons-nous sous l'ardeur de la foi chrétienne. Que les uns ne craignent pas de descendre (on ne s'abaisse jamais pour tendre la main à son semblable) ; que les autres se préservent de ces préjugés dangereux qui leur représentent le maître et le riche comme les tyrans du domestique et du pauvre ; que, tout au contraire, leur attachement provoque la douce réciprocité de ces sentiments de charité qui sont l'apanage de tout cœur généreux.

Je m'arrête ; car je sens que, malgré moi, je me laisse entraîner. Qu'il me soit permis, en finissant, de payer le tribut de mon affectueuse reconnaissance à ces patrons éminents de nos belles fêtes, à ces amis nombreux et dévoués de l'agriculture, à votre Président qui ne craint pas de descendre de son siége de magistrat pour se mêler à vos travaux, et dont le dévouement sans bornes demande pour seule récompense l'estime et l'affection que tous nous lui avons vouées ! qu'il me permette de lui décerner ici le titre de père de nos paysans. L'expression de ce sentiment, n'est que le faible écho de la sollicitude vigilante dont le gouvernement de l'Empereur entoure l'agriculture, première force vitale de notre beau pays de France ; elle m'est dictée par les témoignages que le chef aimé de l'administration départementale vous a si souvent prodigués et qu'il eût été si heureux de renouveler aujourd'hui ; elle m'est inspirée par mes sympathies personnelles, car j'ose vous le dire en cette réunion solennelle : Enfants de la Brie, je ne suis plus un étranger pour vous ; je sens que je vous aime ; je suis un des vôtres ! !

RAPPORT

SUR LES PRIX DE MORALITÉ,

Par M. CARRO, secrétaire.

MESDAMES ET MESSIEURS,

On adresse souvent des reproches à notre siècle, et nous devons humblement convenir qu'il peut bien en mériter quelques uns. Siècle d'avidité et d'égoïsme, dit-on : où est maintenant l'antique dévouement ? où est la vieille fidélité des serviteurs, l'inaltérable attachement au maître, le soin de ses intérêts, l'affection reportée du père aux enfants ? Où est le serviteur qui prend racine dans la maison, qui, simple auxiliaire d'abord, devient avec les années, l'homme de confiance, l'ami du père de famille, le conseil, le bras droit de son fils ? Cela se voyait aux anciens temps !

Cela se voit au nôtre, Messieurs, et la proclamation que vous allez entendre, vous en donnera d'honorables preuves. Si le dévouement et la fidélité paraissent plus rares encore qu'ils ne le sont réellement, c'est qu'ils sont peu bruyants de leur nature, comme le bien en général. Le mal, au contraire, frappe les yeux de tous. Le dégoût public poursuit l'ivrogne ; le mépris accompagne le paresseux ; les tribunaux retentissent des plaintes contre le brutal et contre l'homme de mauvaise foi : mais l'homme paisible et laborieux, qui accomplit sans ostentation son devoir, qui poursuit avec une calme assiduité les deux grandes tâches de la vie de l'ouvrier, servir honnêtement son maître et pourvoir aux besoins de sa propre famille; qui est-ce qui s'occupera de lui si ce n'est ses proches ? qui l'apprécie, si ce n'est son maître? qui le récompensera si ce n'est Dieu ?

Ce sera aussi, dans la faible mesure de son pouvoir, la Société d'agriculture, si elle est assez heureuse pour qu'il lui soit signalé. Elle lui tendra la main, pour serrer la sienne d'abord, puis pour le montrer en exemple aux autres travailleurs.

Vous vous plaignez de la fatigue? leur dit-elle, cet homme la supporte courageusement depuis quarante ans et plus; de la modicité de votre gain? celui-ci a su se suffire avec un gain pareil ; tel autre y a même trouvé la source d'une modeste aisance.... mais c'est qu'ils n'en ont rien détourné pour la débauche !

Toutefois, Messieurs, où ira-t-on chercher le bon serviteur si ce n'est surtout chez le bon maître. Non pas assurément, mon Dieu, que tous les bons maîtres soient heureusement pourvus, il s'en faut de beaucoup, mais ce n'est qu'au bon maître, s'il a le bonheur de le rencontrer, que s'attachera profondément le bon ouvrier, et la liste qui va suivre, n'est pas moins, peut-être, un titre d'honneur pour la maison à laquelle le bon serviteur a dévoué sa vie que pour le serviteur lui-même.

En comparant des mérites presque égaux, la Société n'a point entendu leur donner un rang par le classement dans lequel les lauréats vous seront présentés pour chaque ordre de récompenses ; ce classement n'est, en quelque sorte, qu'un ordre numérique, les récompenses se divisant seulement en médailles d'argent et en médailles de bronze.

Médailles d'argent.

Lonque (Henri) est entré en 1818, comme charretier dans la ferme exploitée à Thieux par M. Garnier père, et maintenant, Messieurs, après 40 ans écoulés, M. Garnier fils atteste que Lonque, encore employé dans sa ferme qu'il n'a jamais quittée, y a toujours fait preuve d'intelligence et de dévouement. M. Garnier signale en outre, en son bon et honnête serviteur, suivant ses expressions, la grande douceur avec laquelle il traite les animaux qu'il est chargé de conduire, qualité qui est à elle seule tout un éloge, car la cruauté envers les animaux est le plus sûr indice d'un mauvais naturel, outre qu'elle cause souvent des pertes notables aux cultivateurs. Les excellentes qualités de Lonque sont confirmées encore par plusieurs autres signatures de personnes des plus honorables de la localité.

Boudignot (Stanislas) est depuis 45 ans berger à Vincy, d'abord chez M. Gibert, et aujourd'hui chez M. Harouard-Richemond son petit-fils. En 1814, il préludait aux bons services de son âge mûr par un service qui demandait une certaine résolution dans un enfant : Les bergers de Vincy n'osaient conduire aux ennemis bivouaqués dans la plaine, des troupeaux mis en réquisition, Boudignot âgé de 11 à 12 ans s'en chargea, et quoiqu'en butte à de mauvais traitements il revint ayant accompli sa mission.

Par son zèle et par sa probité, il s'est acquis l'estime et l'affection de ses maîtres, qui lui ont souvent confié leurs intérêts en l'envoyant seul vendre des moutons et en toucher le prix.

Bouchet (Denis-Beloni), batteur en grange depuis 50 ans, dans la même ferme à Vignely, exploitée d'abord par M. Bocquet, et maintenant par M. Plicque, s'y est toujours montré laborieux, sobre, rangé, le premier au travail, le modèle en un mot, des ouvriers. Il a élevé quatre enfants de manière à leur inspirer l'amour du travail et en faire d'honnêtes gens.

Lors de l'invasion étrangère, Bouchet agé de 19 ans, non seulement réussit à sauver les troupeaux de la ferme, mais accompagné de son jeune frère, il conduisit les travaux de la moisson en l'absence de M. Bocquet, réfugié alors à Paris. Aujourd'hui il possède toute la confiance de M. Plicque, qui a pour lui, dit-il, une profonde estime.

En 1840, Messieurs, nous décernions une médaille de bronze à Louis Guillaume Liénard, ouvrier de ferme chez M. Cinot, à Sancy. Ne sommes-nous pas heureux de revoir après 18 années, ce brave serviteur venir recevoir une de nos médailles d'argent ? Digne continuateur de son père à qui une pareille médaille avait été donnée en 1836, c'est l'honneur héréditaire, c'est la noble persévérance dans le bien que la Société récompense en Liénard. Il se représente devant vous, Messieurs, avec 49 ans de loyaux services, dont trois de services militaires. Aussi bon soldat que bon ouvrier, il ne mérita jamais une punition, et atteint d'honorables blessures, il revint concrer au travail une vie qu'il ne devait plus consacrer à la défense de son pays. Les bons exemples ne peuvent être perdus dans cette famille, et nous ajournons à quelques années la troisième génération des bons et honnêtes Liénard.

Oudot Jules, compte 33 ans de services comme charretier dans la ferme de Poincy, dont 21 ans chez notre honorable collègue M. Basile Martin, et 12 chez M. Douchet, son successeur. Modèle d'assiduité au travail, de sobriété et de probité, depuis dix ans il remplit une mission de confiance, chargé qu'il est d'aller seul vendre à Paris des voitures de légumes et en rapporter le produit. Pendant toute une année que M. Douchet empêché par la maladie, ne put se livrer à ses affaires, il fut à sa complète satisfaction remplacé par Oudot dans la direction de sa ferme.

Non moins estimable dans sa vie de famille, Oudot nourrit de son travail sa mère et sa belle-mère, qui est aveugle, et a dirigé ses enfants de manière qu'ils obtiennent aussi la confiance de M. Douchet.

Daverdin (Jean-Pierre) batteur, chez M. Delacour au Plessis-aux-Bois, a été assez heureux pour recueillir un de ces héritages de bons exemples dont nous parlions tout-à-l'heure. Son père est mort après 45 ans de services dans la même maison, et lui même en compte déjà 35 années qui lui ont valu de la part des personnes notables de la localité les plus honorables témoignages. « Dans bien des circonstances, ajoute M. Delacour, il a su maintenir mes ouvriers dans le bon ordre en refusant toujours de s'associer à de mauvaises combinaisons, et son intelligence m'a permis souvent de l'employer à diriger mes travaux. » Daverdin, dit encore notre collègue M. Dubourg, est resté depuis long-temps à mes yeux le type le plus parfait de l'ouvrier agricole.

Médailles de bronze.

Etienne Boulingre a déjà passé 29 ans en qualité de berger, sous trois maîtres successifs dans la ferme de La Motte, commune de Coutevroust, chacun des successeurs s'estimant heureux de trouver en lui un homme sur lequel il pût compter. C'est que Boulingre remplit les devoirs de sa profession avec le plus grand zèle, avec la plus minutieuse exactitude, et avec une rare intelligence. Le soin et la vigilance avec lesquels il soigne son troupeau lui ont attiré non-seulement la confiance de ses maîtres, mais encore l'estime de tous les autres cultivateurs de la commune.

Depuis l'âge de 9 ans qu'il est entré dans la ferme de la Messagerie à Villeroy, Evariste Gagnant, qui en compte aujourd'hui 58, ne l'a point quittée, et y a toujours, comme batteur, fait preuve d'assiduité et de probité, en même temps que d'intelligence lorsque la direction de certains travaux lui a été confiée. Homme d'ordre et de sobriété, il a amélioré sa situation par son économie, et s'est acquis dans son pays la considération de tous les honnêtes gens.

Jean-Pierre Collard a passé aussi lui, 49 ans comme batteur dans la même ferme, chez MM. Delarue, à Compans. D'une probité et d'une moralité exemplaires, ainsi que d'une très grande assiduité au travail, Collard est d'autant plus digne d'intérêt que ses forces commencent à le trahir, et que, l'un des vétérans du travail, il en est aussi l'un des invalides.

Pendant les 34 ans que François Riblon, a passés comme charretier dans la ferme exploitée à Saint-Soupplets par M. Delarue et M. Scourgeon son gendre, il s'est constamment montré serviteur dévoué, moral, sobre et laborieux. D'une grande douceur avec les chevaux confiés à ses soins, il n'a jamais connu ces déplorables excitations à la brutalité puisées dans des habitudes d'intempérance, qui, en ruinant le moral et le physique l'homme, détruisent aussi les ressources de la famille.

En 45 années de services comme batteur, dans la ferme de Saint-Blandin, commune de Bailly-Romainvilliers, Jean-Baptiste Leguay, a vu s'y succéder plusieurs maîtres, et tous, ainsi que d'autres personnes notables de la commune, le représentent comme un homme irréprochable, probe, paisible, de bonnes mœurs, ayant su mériter l'estime et la confiance et se montrer toujours bon père de famille en même temps que bon serviteur.

Jean-François Remy, charretier depuis 32 ans dans la

ferme de M. Bataille à Guincourt, commune d'Othis, est signalé comme un ouvrier honnête et laborieux, donnant par son exemple une impulsion toujours salutaire à ses camarades. Il peut, en un mot, servir de modèle par sa conduite, sa bonne volonté et sa probité, qualités malheureusement trop peu communes, et si précieuses pour les personnes qui occupent les travailleurs.

Ouvriers d'Industrie.

Nous retrouvons encore dans le lauréat qui suit, Messieurs, un reflet des bons exemples paternels. Debarle père, aujourd'hui décédé, a servi honorablement pendant 32 ans, comme charretier de labour dans la même ferme à Etrépilly ; et son fils, Magloire-Honoré-Joseph Debarle, entré à 14 ans, comme appprenti chez M. Bernier, mécanicien à Meaux, mérite après 24 années, que son patron appelle sur lui tout l'intérêt de la Société.

Laborieux, rangé, assidu, intelligent, il est le soutien affectueux de sa vieille mère, et est présenté enfin par M. Bernier comme un type trop rare du bon ouvrier.

M. le maire de Meaux et plusieurs autres personnes des plus honorables de la même ville, ont joint leur témoignage personnel à celui de M. Bernier en faveur de Debarle auquel une médaille d'argent est décernée.

Eugène Censier travaille depuis 15 ans chez M. Duvoir, constructeur de fourneaux d'usines et de fermes, et d'appareils pour distilleries, et pendant ces 15 ans, Censier n'a jamais quitté volontairement un seul jour son ouvrage. Jamais, suivant la déplorable habitude de beaucoup d'autres, il n'a fait du lundi un jour de paresse, de dépense et de débauche. Aussi possède-t-il toute la confiance de son patron et de ses clients ; aussi a-t-il pu, par son travail et celui de sa femme, qui est blanchisseuse, subvenir non-seulement aux besoins de ses deux enfants, mais encore recueillir et nourrir depuis dix-huit ans au moins, son père et sa mère, le père et une tante infirme de sa femme. Touchantes charges, Messieurs, courageusement supportées par ces dignes époux.

Un jour, Censier s'est trouvé dans une position délicate et embarrassante. M. Duvoir avait des travaux très pressés et occupait 28 ouvriers chaudronniers. Au commencement d'une semaine, ils firent grève, Censier seul prit sa place à l'atelier. Les autres vinrent le chercher pour qu'il allât boire avec eux. Quel parti prendre ? s'attirer l'animadversion de ses camarades, ou manquer à ses devoirs envers son patron ?... Censier se lève et part avec eux. Avec eux il boit un verre, mais pour avoir occasion de les arraisonner, et par son ascendant il y parvint, et il les ramena avec lui au travail.

Jugez, Messieurs, s'il a bien mérité la médaille d'argent qui lui est décernée.

Instituteur.

M. Pierre-Adolphe Didier, élève sorti de l'Ecole Normale de Melun en 1843, est depuis près de 15 ans instituteur dans la commune de Coutevroust où l'entourent l'estime des autorités locales et des délégués cantonnaux, et la confiance des familles. Il y est en même temps l'objet du respect et de l'affection des enfants, respect et affection que lui conservent à un haut degré ses anciens élèves.

Modeste, plein de tact et de prudence, dit M. l'Inspecteur des Ecoles, M. Didier aime sa position, et s'est attaché à la petite commune de Coutevroust au point de refuser un avancement.

Mais, Messieurs, du cercle étroit où il a renfermé son ambition, il a su faire sortir un élève pour l'Ecole impériale de Châlons ; un élève pour l'Ecole professionnelle de Melun ; un maître-adjoint pour l'Ecole Normale du département, et sept instituteurs ou élèves pour cette même Ecole. Nouvelle preuve, Messieurs, de l'influence heureuse que peut exercer un homme de mérite, même dans une petite localité.

M. Didier a déjà obtenu en 1856, une médaille de bronze de M. le ministre de l'Instruction publique, et en 1858 un rappel de cette médaille.

La Société est heureuse de lui décerner aujourd'hui une médaille d'argent.

Ici, Messieurs, a dû se terminer cette liste, extraite d'une liste beaucoup plus longue, de candidats qui n'avaient souvent en regard de ceux-ci qu'une infériorité de quelques années de service à peine : Ceux-là trouveront leur tour dans nos futurs Comices, il faut l'espérer.

On a dit qu'il suffisait de frapper du pied la terre de France pour en faire jaillir des soldats : disons aussi, Messieurs, qu'il suffit d'y jeter les yeux pour y distinguer un nombre considérable et consolant de bons, de loyaux ouvriers, d'hommes de bien et dignes d'estime, d'hommes en un mot, sachant ennoblir et faire honorer même les plus modestes positions.

COMPTE-RENDU

DES TRAVAUX DE LA SOCIÉTÉ D'AGRICULTURE,

Par M. de COLOMBEL, vice-secrétaire.

Messieurs,

Un des caractères distinctifs de notre époque, une des causes les plus actives de sa richesse et de ses progrès si rapides, c'est le rôle nouveau que jouent les sciences dans le domaine si dédaigné jadis par elles de l'industrie et de l'agriculture. Dans les siècles qui ont précédé le nôtre, les savants vivaient pour ainsi dire loin de la terre, dans les hauteurs éthérées de l'abstraction et de la théorie pure, se préoccupant peu des besoins matériels des peuples et de l'application industrielle de leurs sublimes découvertes.

Aujourd'hui au contraire la science s'est faite appliquée, s'est faite toute à tous, et son souffle vivant vient chaque jour ennoblir et féconder tous ces arts essentiellement utiles qui font en définitive sinon la grandeur au moins la prospérité des peuples.

Les Sociétés d'agriculture n'ont certes pas été étrangères à ce mouvement contemporain de propagation et de diffusion de l'élément scientifique, on peut même dire que ce sont elles qui dans l'art agricole, le plus complexe peut-être de tous les arts, sont les gardiennes les plus dévouées et les plus fidèles de ce traité d'alliance, intime et féconde, signé de nos jours entre la théorie et la pratique. Composées en effet tout à la fois d'agronomes et de praticiens, elles portent d'une main ce flambeau de la science qui éclaire le vaste horizon qui s'étend devant nous; et de l'autre cette boussole de l'expérience si nécessaire pour se préserver de séduisantes utopies, et atteindre sûrement le véritable progrès ; elles s'appliquent, suivant les circonstances, tantôt à stimuler l'esprit de routine qui entrave et paralyse toute amélioration, tantôt à modérer et à régler l'esprit d'innovation qui, en économie rurale, abandonné à lui-même, n'aboutit trop souvent qu'à la ruine.

Tel est de nos jours, Messieurs, le rôle éminemment utile des Sociétés agricoles disséminées sur toute la surface de la France, et le compte-rendu très-sommaire que nous sommes chargé de vous faire des travaux de celle de l'arrondissement de Meaux, depuis sa dernière réunion solennelle au Comice de Dammartin en 1856, vous démontrera, je l'espère, que notre association a rempli avec un égal succès cette double mission qui se complète l'une par l'autre.

Et d'abord, deux grandes questions d'un intérêt universel, celles du semis en lignes et du drainage, ont été dans nos séances mensuelles et à diverses reprises, l'objet d'études et de discussions approfondies. Les expériences d'ensemencements en lignes faites déjà depuis plusieurs années par M. Lesseur de Lagny, ont été suivies, contrôlées et constatées avec une infatigable persévérance par M. Buignet, et surtout M. Verneau qui dans plusieurs rapports très circonstanciés nous a fait connaître avec tous les détails et toute la précision possibles, les résultats avantageux de cette nouvelle méthode. Plusieurs de nos collègues, et entr'autres MM. Fournier et Gilles fils, l'ont appliquée sur une très large échelle, et la conclusion qui ressort de ces expérimentations, c'est que le principe du semis en lignes est excellent, mais que son application exige certaines conditions indispensables dont l'omission est une cause certaine d'insuccès. Tous les progrès se tiennent et s'enchaînent en agriculture, et cette amélioration incontestable dans la pratique de l'ensemencement qui procure une économie notable de semence, qu'il ne faut cependant pas exagérer, demande pour réussir, une terre mieux travaillée et surtout des binages plus énergiques et plus fréquents. Le semis en lignes, c'est le but que doit se proposer toute agriculture progressive, but qui la rapproche de plus en plus des procédés ingénieux et des produits relativement si considérables de l'horticulture; mais pour l'atteindre avec succès, les moyens convenables, c'est-à-dire une main d'œuvre plus abondante et des instrumens spéciaux et perfectionnés, lui font encore défaut.

Le drainage, cette grande conquête agricole de notre siècle, commence, grâce aux efforts de notre Société, à se répandre dans notre arrondissement. Notre honorable président, M. Viellot vous a lu une notice sur les résultats obtenus par cet ingénieux moyen d'asséchement dans plusieurs communes des environs de Meaux. M. Lamiche vous a décrit les importans travaux de ce genre exécutés en 1854, 55 et 56 à Gèvres, près de Crouy-sur-Ourcq, dans la propriété de M. Bartholony ; travaux qui ont transformé beaucoup de terrains fort humides et jusqu'alors improductifs, en terres à blé d'une culture facile et d'un rapport très satisfaisant. Cette métamorphose ne s'opère pas néanmoins sans quelques difficultés, et notamment l'engorgement des drains. Ainsi M. de Charnacé nous a fait connaître le rapide envahissement de ses drains par des amas de radicelles d'une plante appelée vulgairement la queue de renard et les moyens de triompher de ces obstacles.

Notre Société, Messieurs, attache une haute importance au perfectionnement des instrumens aratoires, base première du perfectionnement de l'agriculture elle-même : dans cet ordre de travaux, M. Verneau lui a fait un rapport favorable sur l'emploi d'un semoir adapté à une charrue, et de l'invention de M. Estlimbaum, mécanicien à Meaux. Ce semoir a déjà obtenu une mention honorable à l'exposition universelle de 1856, et pourra, à l'aide de quelques légers changemens, s'appliquer avec une grande utilité à la méthode de l'ensemencement en lignes.

M. Adrien Petit vous a parlé avec éloges de la houppe a soufrer les vignes, présentée à notre Société par MM. Ouin et Franc : dans l'opinion du rapporteur, cet appareil d'un emploi facile et peu couteux, est d'un excellent usage pour combattre l'oïdium, et destiné à rendre de grands services à la viticulture et à l'horticulture.

M. Duvoir a mis sous vos yeux un modèle réduit de l'appareil de M. Champonnois destiné à la distillation des betteraves, et vous a démontré expérimentalement le mécanisme et les procédés de cet ingénieux instrument. MM. Privault et Duffió vous ont indiqué les avantages du mors de l'invention de notre compatriote M. Casimir Noël, et M. Arthur Tronchon, dans un rapport fait au nom d'une commission de juges compétents, a constaté le bon travail de la charrue anglaise, dite Howard, dont le seul inconvénient est de se composer de pièces en fonte qui pourraient difficilement être raccommodées ou remplacées dans les villages. La Société a acheté cette charrue dont M. Fournier notre vice-président, et un de nos glorieux chefs de file dans la voie du progrès, s'est ensuite rendu acquéreur.

Grâce à l'initiative de l'un de nos collègues, M. le vicomte de Baulny, un grand fait agricole s'est accompli dans notre arrondissement, et le labourage à la vapeur que l'on traitait, il y a quelques années à peine, de rêverie irréalisable, y a fait son apparition sur les terres de Villeroy. M. Marx, rapporteur de la commission chargée d'assister à ces curieuses expériences, vous en a rendu compte avec l'autorité d'un ingénieur et d'un excellent observateur. Les conclusions portent que la perfection du labour a été unanimement reconnue, et que l'emploi utile de cette merveilleuse machine n'est plus douteux pour personne dans les terrains peu accidentés et dont la composition est assez homogène pour ne pas offrir d'obstacles trop forts au passage des socs.

L'Empereur lui-même dont vous connaissez tous la vive sollicitude pour les intérêts si précieux de l'agriculture, a désiré voir fonctionner cette charrue, qui transportée à Fontainebleau a manœuvré sous ses yeux pendant plus de deux heures, avec un plein succès.

La vapeur, cette fée de l'industrie moderne, cette créatrice de tant de merveilles industrielles, qui a déjà pénétré dans l'intérieur de nos fermes, pour y battre nos gerbes et y concasser nos grains, est-elle donc appelée à conquerir aussi le sol lui-même, ce domaine jusquà présent incontesté du laboureur, et à y multiplier dans une énorme proportion la somme du travail et par suite la somme des produits !

C'est encore là, Messieurs, le problême de l'avenir, et la Société de Meaux peut se féliciter d'avoir par ses travaux et ses expérimentations, préparé l'application de cette grande innovation encore controversée sans doute, mais dont on entrevoit déjà la réussite probable dans un avenir peu éloigné.

Les branches si diverses de l'économie rurale ont donné

lieu, Messieurs, dans nos séances si bien remplies, à beaucoup d'autres communications. Signalons rapidement, car nous ne pouvons faire ici qu'une sorte de table de matières, la notice de M. Duffié sur la banque de crédit agricole anglo-française ; celle de M. Hubert-Brière sur le rendement avantageux de la pomme de terre Chardon ; le compte rendu de l'exposition universelle de 1855, en ce qui concerne les produits agricoles, par votre secrétaire, M. Carro, et relativement aux espèces porcine et galline, par votre vice-secrétaire ; les mémoires de M. Anginiard sur l'influence des aliments, sur le tournis des bêtes ovines, et sur la maladie dite le sang de rate.

Un rapport de M. Vallon sur le projet de création à Meaux d'une caisse de paiement pour les fromages ; sorte de caisse de Poissy à l'usage des fromagers ; création que semble demander l'importance sans cesse croissante du commerce des fromages dont le chiffre s'éleve chaque samedi sur la place du marché à Meaux à près de 1000,000 francs. Plusieurs notes de M. Cavé cet infatigable expérimentateur, qui après avoir si largement contribué au perfectionnement de l'industrie des machines à vapeur, consacre aujourd'hui si noblement ses loisirs dans son beau domaine de Condé, à de nombreuses expériences agronomiques, sur les essais d'acclimatation du sorgho et de culture comparée de 35 espèces différentes de blé ; et le compte rendu par votre vice-secrétaire du résultat de ces utiles expérimentations ; enfin les documens techniques de M. Fournier qui a parcouru l'Algérie en agronome, sur la production des laines de cette nouvelle France d'outre-mer.

L'analyse et la propagation des ouvrages d'agriculture et surtout des recueils périodiques émanant de ces nombreuses associations agricoles, qui poursuivant le même but, et reliées entre elles par un échange réciproque de publications, couvrent la France comme une immense confédération agronomique, constitue l'une des œuvres les plus utiles de notre Société. Ces revues si multipliées forment en effet comme une vaste bibliothèque d'agronomie tenue, jour par jour, au courant des innovations théoriques ou pratiques tentées sur tous les points du territoire. MM. Ducrocq, Clain aîné, Collinet, et Verneau vous ont fait connaître avec avec autant de précision que de clarté, un assez grand nombre des articles les plus intéressants de ces divers recueils.

Vous avez entendu en outre, des comptes rendus sur le traité de M. Jourdier sur le matériel agricole par M. comte de Moustier; sur un rapport de M. Payen sur la distillerie de betteraves des environs de Paris par M. le docteur Leroy; et enfin sur l'ouvrage de M. Lecouteur intitulé Principes de la culture améliorante, par votre vice-secrétaire. Jaloux aussi d'honorer la mémoire des grands naturalistes qui ont élargi par leurs études le domaine déjà si vaste des sciences naturelles, vous avez voulu, Messieurs, contribuer par une subvention de 50 francs à l'érection d'une statue en l'honneur de l'illustre Geoffroy Saint-Hilaire. Votre président qui s'est rendu à Etampes pour assister à l'inauguration de ce pieux monument de la reconnaissance publique vous a rendu compte en quelques pages bien senties, de cette solennité aussi imposante que touchante.

Notre Société, Messieurs, est restée fidèle à son titre portant les trois mots: Agriculture, Sciences et Arts; tout en consacrant la meilleure part de son temps et de ses travaux au perfectionnement des branches si variées de l'industrie agronomique, elle ne saurait cependant oublier les sciences et les arts qui en sont le fondement le plus solide et l'ornement le plus séduisant. L'agriculture elle-même n'offre-t-elle pas en effet le plus frappant symbole de cette triple association dans ses travaux qui reclament les combinaisons les plus ingénieuses de la mécanique, de la dynamique et de la chimie, dans ses produits qui alimentent tant d'usines et se prêtent à tant d'applications industrielles; dans ses aspects enfin qui, variés et infinis comme la nature elle-même, captivent l'imagination par les plus riantes images et sont la source la plus pure et la plus féconde de la poésie et des beaux arts.

Aussi nous avons entendu avec une vive émotion les beaux vers de M. de Longpérier, cet adieu posthume de notre ancien et si regretté vice-président ; M. le docteur Leroy vous a lu deux fragmens de ses lointains voyages ; l'un sur les célèbres chiens errants de Constantinople ; l'autre sur la fabrique si curieuse de mosaïques du Vatican. M. l'abbé Denis, pour qui nos vieilles chroniques locales n'ont plus de secrets, vous a communiqué un extrait d'un vieux manuscrit contenant le procès verbal authentique et nominatif d'une revue de la garnison de Meaux le 30 août 1594 ; et enfin votre vice-secrétaire vous a fait plusieurs rapports, l'un avec la collaboration de M. Lafrance sur l'usine hydraulique si remarquable de M. Menier et Ce à Noisiel ; un autre sur la boulangerie Scipion à Paris et le nouveau mode de panification qui y est adopté ; un troisième enfin sur le livre de M. Carro, intitulé Voyage chez les Celtes, ou de Paris au Mont-Saint-Michel par Carnac.

Cette aride et fastidieuse nomenclature des mémoires et travaux de la Société serait bien incomplète, Messieurs, si nous ne mentionnions en outre les communications et les discussions orales qui, au choc de la controverse, dans le sein d'une association qui à chacune de ses séances, compte parfois près de cent membres, éclaire tant de questions ; discussions qui ne laissent pas de traces dans nos annales, mais qui souvent se gravent en caractères ineffaçables dans l'esprit et la mémoire de ceux qui les entendent. Envisagée sous ce point de vue, la Société d'agriculture de Meaux est, on peut le dire, une école mutuelle d'enseignement agronomique où chacun vient profiter des observations et des expériences de tous, un centre commun où convergent toutes les idées et toutes les notions pratiques qui intéressent l'agronomie ; un laboratoire où elles s'élaborent, se contrôlent et se complètent ; enfin un foyer central d'où elles rejaillisseut en rayons lumineux sur l'arrondissement tout entier.

Puisse-t-elle, Messieurs, rester longtemps encore, dans notre pays, la sentinelle avancée du progrès sous la direction si intelligente, si zèlée et si sympathique de ses honorables président et vice-président! puissent même sa sphère d'action et le nombre de ses sociétaires s'agrandir et s'accroître de plus en plus, au grand avantage des intérêts agricoles ! Puissent enfin régner toujours, comme par le passé, entre les membres si nombreux qui la composent, cette bienveillance réciproque et cette sympathie mutuelle qui font la dignité, la force, le charme et la durée des Sociétés savantes !

RAPPORT

SUR LA VISITE DES FERMES

DU CANTON DE CRÉCY,

Par M. DE COLOMBEL, rapporteur de la commission.

MESSIEURS,

En agriculture, comme en toutes choses, la prédication par l'exemple, est assurément la plus écoutée et la mieux suivie. Convaincu de cette vérité incontestable, le Comice de l'arrondissement de Meaux considère comme une de ses plus douces et de ses plus utiles missions, celle de signaler à l'attention et aux sympathies de tous, dans chacun des cantons où il transporte successivement sa tente, les cultivateurs et les propriétaires qui s'y sont fait le plus particulièrement remarquer par leur exploitation progressive ou leurs améliorations foncières. Honorer ainsi ces hommes d'initiative et de progrès, c'est le meilleur moyen de propager leur exemple, et par là, de travailler efficacement au perfectionnement si désirable de l'industrie rurale.

Aussi une commission de quinze membres délégués par la Société d'agriculture, s'est-elle transportée dans un assez grand nombre de fermes, grandes ou petites, du canton de Crécy, qui lui étaient déjà désignées par la renommée publique, et je viens de sa part proclamer solennellement ici les noms et les titres des lauréats choisis par elle après une sévère et minutieuse enquête.

Vous connaissez tous, Messieurs, le nom de M. Proffit, de la Petite-Loge, commune de la Haute-Maison. Ce nom a retenti déjà bien des fois dans nos concours, et ce n'est pas sans émotion que nous avons aperçu dans la grande salle de la ferme de la Petite-Loge, occupant la place d'honneur au dessus de la cheminée, un tableau contenant les vingt-une médailles, dont quatre en or, neuf en argent, et huit en bronze, décernées successivement à M. Proffit père. Ce sont là, Messieurs, de véritables lettres de noblesse ; de noblesse agricole qu'on doit-être heureux et fier de montrer à tous, et qui décorent admirablement les appartements d'une ferme.

M. Alphonse Proffit marche avec assurance sur les traces de son père, Ce n'est pas seulement un éleveur distingué dont les produits de l'espèce chevaline figurent avec succès sur le champ du concours, c'est aussi un excellent cultivateur ne reculant devant aucune amélioration foncière, telle par exemple que celle du drainage pour assainir ses terres, trop humides comme presque toutes celles du canton de Crécy.

Aussi le Comice de Meaux s'estime heureux de pouvoir lui offrir solennellement aujourd'hui une de ses médailles d'argent :

M. Chobert, tient à bail dans la commune de la Chapelle-sur-Crécy, les deux fermes de Montaudier-le-bas et de Libernon, appartenant à M. le comte de Moustier et d'une contenance totale de 236 hectares.

Ce cultivateur dont les champs revèlent une culture habilement dirigée s'est en outre associé avec un zèle intelligent aux efforts de son propriétaire tendant à assainir les terres humides de la ferme par de grands travaux de dessèchement. Par une ingénieuse combinaison qu'il est bon de consigner ici, le propriétaire et le fermier ont participé l'un et l'autre, et dans une juste mesure, aux opérations et aux fruits de ce drainage. En effet une clause du bail assure d'un côté à M. de Moustier l'intérêt à 5 p. 0/0 des sommes consacrées par lui à ces travaux dont l'utilité a été reconnue préalablement et d'un commun accord ; et de l'autre garantit à M. Chobert lorsque cessera sa jouissance, le remboursement du prix des drainages qu'il aura fait directement exécuter lui-même.

Ce double motif d'une exploitation habile, et d'une association directe à de grandes améliorations foncières, fait décerner par le Comice à M. Chobert une de ses médailles d'argent.

M. Charpentier exploite à Magny-le-Hongre, une ferme de 200 hectares, appartenant à Mme la marquise de Pastoret. La commission y a vu avec un vif intérêt une porcherie et surtout une vacherie vraiment remarquables par le nombre et la beauté des sujets d'élite qu'elles renferment, et c'est à ce titre spécialement quelle décerne une médaille d'argent à M. Charpentier.

M. Bougenot fils, exploite à Bailly-Romainvilliers la ferme de Saint-Blandin, d'une contenance de 140 hectares, appartenant à M. Delahaye, ancien juge de paix à Paris ; c'est une ferme bien tenue et bien aménagée soit sous le rapport des bestiaux soit sous celui de la culture, et le Comice se plait à encourager les efforts déjà heureux de M. Bougenot fils, en lui décernant une médaille de bronze.

La petite culture, Messieurs, occupe une assez large place dans le canton de Crécy, et la commission qui l'a visitée avec un vif intérêt, lui accorde deux médailles, une médaille d'argent et une de bronze :

M. Le Loux, de Boutigny, nourrit sur sa ferme du Bordet d'une contenance de 35 hectares, 225 moutons et 16 vaches, ce qui correspond à plus d'une tête de gros bétail ou son équivalent, par hectare, proportion considérable et rarement atteinte dans notre arrondissement. Ce résultat est d'autant plus remarquable que M. Le Loux élève lui-même toutes ses vaches, et vous savez, Messieurs, combien il importe, dans l'intérêt du progrès agricole, d'encourager l'élevage. En un mot la petite ferme du Bordet revèle, dans tous ses détails, une exploitation intelligente et progressive, et le Comice aime à le reconnaître publiquement ici en décernant une médaille d'argent à M. Le Loux.

M. Lefèvre qui exploite 40 hectares à Montry, y fait aussi avec succès des élèves de la race bovine, et y nourrit également presque une tête de gros bétail, ou son équivalent, par hectare. Le Comice signale en outre ce lauréat comme un de ces travailleurs infatigables, toujours le premier et le dernier à l'ouvrage. Puisse l'honorable distinction que nous lui décernons aujourd'hui, ainsi qu'à son intéressante famille qui partage ses rudes labeurs, le récompenser de ses efforts persévérants, et lui inspirer un nouveau courage dans cette lutte incessante du travail contre des difficultés sans cesse renaissantes !

Messieurs, le perfectionnement de l'industrie rurale que nous poursuivons de tous nos efforts et dans ses diverses parties, ne dépend pas exclusivement du cultivateur qui exploite la terre, mais réclame aussi, dans presque toutes les circonstances, le concours éclairé du propriétaire. Tout le monde reconnait quelle est, au point de vue de la santé des animaux et de la conservation des récoltes, ces deux branches de la richesse agricole, l'importance des bâtiments ruraux spacieux et surtout bien disposés; qui de vous méconnait aussi la haute utilité de certaines améliorations foncières, et entr'autres du drainage qui peut, dans ce canton spécialement, doubler le produit de bien des champs imprégnés d'humidité ?

Encourageons donc les propriétaires qui entrent dans cette voie si féconde et si honorable de l'application de leurs capitaux à un meilleur aménagement de leurs constructions rurales, et au dessèchement de leurs terres à sous sol imperméable.

C'est à ce double titre, Messieurs, que le Comice de Meaux est heureux d'offrir aujourd'hui une de ses modestes, mais honorables médailles, à trois propriétaires du canton de Crécy, Mme la marquise d'Orvilliers, M. le comte de Moustier et M. le Gentil.

Mme la marquise d'Orvilliers fait valoir à Esbly par l'entremise d'un gérant de culture, M. Révault, une ferme de 100 hectares sur laquelle elle nourrit une forte proportion d'animaux. Mais ce qui a surtout frappé la commission dans cette intéressante visite, c'est la construction solide et l'appropriation bien entendue des bâtiments de la ferme. C'est leur ingénieux aménagement soit dans la disposition des ouvertures, soit dans l'aération des étables. Puis, Messieurs, la renommée aux cent voix est venue nous apprendre que Mme d'Orvilliers qui, malgré son grand âge s'occupe activement encore de l'exploitation de son domaine, est par sa bienfaisance, son activité, sa sollicitude pour tous, la providence du pays. Aussi la Société, comme faible témoignage de sa profonde sympathie pour d'aussi honorables services rendus à la cause et à la population agricole, offre une de ses médailles d'argent à Mme la marquise d'Orvilliers.

M. le comte de Moustier, membre du conseil général de notre département, et l'un de nos collègues de la Société d'agriculture, de Meaux, a, dans le canton de Crécy, donné un grand essor au drainage, en faisant drainer malgré les difficultés d'un terrain pierreux, 81 hectares sur le territoire de la Chapelle-sur-Crécy, avec le concours de son fermier, M. Chobert, et de M. Marie, agent-voyer du canton. Ces grands travaux ont déjà produit les plus heureux résultats ; une pièce entr'autres de 20 hectares dite *la Grande-Eau*, et jadis un vrai marécage où l'on n'avait jamais vu de froment, porte aujourd'hui un excellent blé. Le drainage, dans de semblables conditions, c'est, Messieurs, une vraie conquête sur la nature, c'est une création nouvelle de produits agricoles au grand avantage de tous.

Aussi le Comice se félicite de pouvoir décerner solennellement ici une de ses médailles d'argent à M. le comte de Moustier.

M. le Gentil, propriétaire à Bailly-Romainvilliers, d'une ferme d'environ 80 hectares, y a complètement transformé tous les bâtiments d'exploitation. Ses nouvelles constructions décorées avec goût, remplissent en outre parfaitement leur but d'utilité en offrant au fermier des étables parfaitement appropriées pour ses animaux, de vastes granges pour conserver sainement ses récoltes de toute nature, et un bel emplacement à fumier avec fosse à purin.

M. le Gentil, ami dévoué de l'agriculture, ne s'est pas contenté de faire sortir du sol de belles constructions rurales qui réunissent l'utile à l'agréable, il a voulu en outre améliorer le sol lui-même, et déjà il a fait drainer une notable quantité de terrains difficiles, et il continue ces utiles travaux d'amélioration foncière.

Le Comice décerne à M. le Gentil une médaille d'argent.

Qu'il nous soit permis, Messieurs, en terminant ce rapport, d'adresser, dans l'intérêt de l'agriculture, un pressant appel aux grands propriétaires de cette contrée. Dans ce riche et pittoresque canton de Crécy, que nous avons parcouru dans tous les sens, nous le disons avec regret, que de fermes encore dont les bâtiments délabrés, incommodes et malsains, choquent autant les yeux qu'ils nuisent à la fructueuse exploitation du sol ! que de terres dont la fécondité naturelle est paralysée par une humidité surabondante !

Il y a là, Messieurs, un noble rôle à remplir pour les propriétaires; qu'ils traitent donc généreusement la terre, cette bonne mère, source de leur fortune et de leur bien-être, et ne lui marchandent pas avec trop de parcimonie les constructions utiles et les améliorations foncières, condition indispensable d'une production plus abondante !

Qu'ils comprennent enfin que c'est là le plus honorable et souvent même le plus avantageux emploi de leur fortune, et qu'en agissant ainsi, ils auront, tout en s'enrichissant eux-mêmes, contribué dans une large mesure, à l'amélioration de l'agriculture Française qui est, on peut le dire, le trésor national par excellence, et le véritable patrimoine de la patrie.

RAPPORT

Sur les Récompenses décernées aux Sciences, aux Arts et à l'Industrie,

Par M. DE COLOMBEL, vice-secrétaire.

MESSIEURS,

Si les travaux de la Société d'agriculture de Meaux dont nous faisions tout à l'heure une rapide analyse, portent la triple empreinte de l'industrie, de l'art et de la science, ces trois formes du travail humain, ces trois fleurons de la civilisation elle-même, les récompenses qu'elle se plait à distribuer doivent par suite comprendre aussi les services industriels, artistiques ou scientifiques rendus à notre arrondissement. Les sciences et les arts qui agrandissent l'esprit et ennoblissent l'intelligence, sont en effet les auxiliaires indispensables d'une agriculture riche, honorée et perfectionnée comme celle de l'arrondissement de Meaux.

Citer ici, tout d'abord, Messieurs, le nom de notre si dévoué et si utile collègue M. Lafrance, c'est appeler sur ce nom les sympathies de la Société tout entière ; vous savez tous en effet avec quel dévouement, quel désintéressement, et en même temps quel succès, M. Lafrance, vous a fait un cours complet et expérimental de Chimie agricole, cours dont les leçons analysées et imprimées forment aujourd'hui un précieux volume qui restera, entre les mains de nos sociétaires, comme le *vade mecum* du cultivateur intelligent et progressif.

Votre Société voulant reconnaître par une récompense extraordinaire les services signalés de notre collègue, lui offre une médaille en or comme faible témoignage de sa profonde et sympathique reconnaissance.

M. Ménier fils, le digne successeur de son père dans la direction de l'usine hydraulique si remarquable et si connue de Noisiel sur Marne, en a fait un des établissements industriels les plus importans et les plus complets de notre arrondissement. La commission qui l'a visité n'a pas seulement remarqué son admirable organisation ; elle a constaté en outre avec un vif plaisir la touchante sollicitude de M. Menier pour le sort et l'amélioration morale de ses nombreux ouvriers. Il a en effet organisé pour eux et à ses frais, suivant en cela les traditions paternelles, une caisse d'épargne qui leur donne six pour cent de leurs économies, puis en cas de maladie, il leur fournit gratuitement tous les médicamens qui leur sont nécessaires. C'est là un noble exemple qu'il est bon d'encourager et de propager, aussi la Société en décernant, sur le rapport de votre vice-secrétaire, rapporteur de la commission, une médaille de vermeil à M. Menier fils, se félicite de pouvoir récompenser en lui tout à la fois et l'habile industriel dont l'esprit d'initiative et de progrès éclate dans toutes les parties de son usine, et le philantrope éclairé qui considérant ses ouvriers comme une vaste famille, fait fructifier leurs épargnes et leur vient en aide lorsqu'ils sont malades.

M. Carro, votre digne secrétaire, a enrichi notre bibliothèque d'une intéressante relation de voyage en Bretagne publiée sous le titre piquant et original de Voyage chez les Celtes. Et en effet cette puissante confédération Celtique dont l'origine se rattache aux premiers souvenirs de l'histoire du monde ; qui a couvert, il y a bien longtemps, l'Europe entière de ses tribus conquérantes, et que vous croyiez peut-être à jamais éteinte, subsiste toujours, en miniature du moins, avec sa langue, ses usages et surtout ses monuments si grossiers et si grandioses, au fond de la Bretagne, cette vieille Armorique encore aujourd'hui plus Gauloise que Française. M. Carro ne s'est pas seulement attaché, dans son livre, à faire revivre sous nos yeux cette curieuse population, image vivante du passé, et à nous dépeindre exactement par la plume et le crayon, ces pierres druidiques, vestiges impérissables du culte religieux des anciens Celtes; il a su en outre nous dérouler dans un style élégant, imagé et rempli de souvenirs, les cent tableaux divers du panorama mouvant de la Loire.

Aussi la Société a-t-elle décidé, sur le rapport de votre vice-secrétaire, qu'une médaille d'argent serait solennellement décernée à M. Carro.

Dans notre rapport sur la visite des fermes, nous signalions, Messieurs, à votre attention l'importance des grands travaux de drainage que M. le comte de Moustier a fait exécuter à La Chapelle-sur-Crécy, sous la direction intelligente de M. Marie agent-voyer du canton. Il importe, Messieurs, dans l'intérêt de la propagation du drainage dont le canton de Crécy tout particulièrement a un si pressant besoin, d'encourager les directeurs de ces travaux si utiles qui sont appelés à transformer et à regénérer certaines contrées agricoles.

M. Marie qui a fait drainer pour plusieurs propriétaires, aux environs de Crécy, avec autant d'habileté que d'économie près de cent hectares, qui a ainsi rendu un grand service à la cause agricole, a un droit d'autant plus mérité à nos encouragements que, comme géomètre-arpenteur, il a dressé les plans de plusieurs fermes et exécuté un grand nombre d'abornements, opération si utile pour la bonne et facile gestion des intérêts ruraux.

La Société décerne, à ce double titre, une médaille d'argent à M. Marie.

La Société d'agriculture, sciences et arts de Meaux, vous le voyez, Messieurs, par les divers rapports que vous avez successivement entendus, a été fidèle à son titre collectif, a noblement participé dans la mesure de ses forces et de ses attributions, à ce grand œuvre de la civilisation auquel chacun de nous doit sa part d'efforts et d'action. Reconnaissant que l'isolement de l'industrie agricole faisait jadis sa faiblesse, nous nous sommes efforcés d'emprunter pour elle à la science et à l'industrie, ses anciennes rivales et ses nouvelles associées, leurs procédés ingénieux et leurs merveilleux secrets. Heureuse et féconde association, Messieurs, car si l'agriculture en se greffant sur l'arbre de la science et des arts, doit y puiser une sève et une force nouvelles ; de leur côté les sciences et les arts en se retrempant aux sources si vives et si pures de la nature, y trouveront à leur tour une grandeur, une profondeur et un charme incontestables.

Honneur donc à ces hommes, savants, industriels, ou agronomes qui nous ont apporté le tribut de leurs observations et de leurs travaux ! puisse la proclamation de leurs noms, dans cette fête si brillante, au milieu de cet immense coucours de spectateurs, raviver encore parmi nous cet esprit d'émulation, et cet amour du bien public qui sont le ressort le plus énergique du progrès, et le fondement même de la prospérité des peuples.

DISCOURS DE M. DESPLANQUES,

MAIRE DE CRÉCY.

—

Messieurs,

Après les paroles éloquentes que vous venez d'entendre, ce n'est pas sans émotion que, pour obéir au devoir de ma position, je prends la parole. Je réclame, Messieurs, toute votre indulgence, et fort de cet appui je vais chercher à m'acquitter le plus convenablement possible de la tâche qui m'est échue.

Pourquoi, Messieurs, notre ville de Crécy d'ordinaire si paisible, est-elle aujourd'hui si bruyante et si animée? Pourquoi la joie rayonne-t-elle sur tous les visages? C'est que pour la première fois, elle jouit d'une fête agricole, favorisée par un beau temps exceptionnel. Cette animation, cette joie, ce bonheur enfin dont chacun paraît jouir c'est au respectable président de la Société d'agriculture de Meaux que nous les devons; c'est à son infatigable persévérance que nous rapporterons toutes les jouissances de ce jour. Monsieur le président nous permettra donc de le remercier sincèrement en notre nom et au nom de nos chers concitoyens.

Nous voyons rapprochées dans cette fête les sommités de deux arrondissements. Par leur présence et par l'intérêt tout particulier qu'ils portent à l'agriculture, ils donnent à cette solennelle réunion un imposant et beau caractère.

Nous avons à regretter, Messieurs, l'absence de M. le Préfet que les circonstances retiennent auprès de Sa Majesté à Fontainebleau. Les sentiments d'estime que lui portent ses administrés, sont profonds et sincères ; nous aurions été heureux de voir un administrateur aussi habile, aussi dévoué, mêlé parmi nous, afin de pouvoir les lui exprimer de vive voix.

Monsieur le Président de la Société d'agriculture de Meaux occupe dignement la place de notre premier magistrat du département. Messieurs, des esprits éclairés et des voix éloquentes ont dit en diverses circonstances les talents, l'infatigable activité dont il a toujours fait preuve. Des qualités aussi brillantes le rendent l'ami de la Société tout entière. Animé d'une charité ardente, il ouvre sa porte à toutes les infortunes ; et soit par dons ou conseils, ce cœur généreux met à profit toutes les occasions pour faire le bien. Son zèle, Messieurs, pour tout ce qui a rapport à l'agriculture et pour les fêtes semblables à celles qui nous réunit ici, est au dessus de tout éloge.

Je comptais, Messieurs, sur notre ancien sous-préfet, M. de Sorbier, dont la présence eût ajouté à notre fête ; nous aurions été heureux de le revoir encore quelques instants parmi nous, et de pouvoir le remercier de son zèle, de son activité et de sa bienveillance ; mais des occupations constantes le retiennent à son administration qu'il dirige avec tant de dévouement.

M. Conrad, son digne successeur, à peine arrivé parmi nous a déjà laissé reconnaître en lui un administrateur loyal et franc. Son zèle éclairé et sa volonté ferme, quoique bienveillante, rendront pour nous l'administration agréable et facile, nous avons lieu de l'espérer. Qu'il soit le bienvenu !

La présence de M. le sous-préfet de Coulommiers me porte à le remercier, tant en mon nom propre qu'au nom de mes chers concitoyens, de l'honneur qu'il nous fait en venant nous visiter. Monsieur Roy reconnaît d'ailleurs dans cette assemblée l'élite de ses administrés. Son intelligente administration, son dévouement sans bornes, sa politesse exquise sont autant de causes par lesquelles il a su s'attacher les cœurs. Qu'il sache combien nous sommes heureux de le posséder !

Je souhaite aussi la bienvenue à M. le président de la Société d'agriculture de Rozoy : sa réputation nous est bien connue depuis longtemps. Animé, comme l'honorable président de cette assemblée, d'un amour constant, de sentiments nobles et généreux, il court au devant des infortunes qu'il se plaît tant à soulager. Par sa bienveillance inépuisable il a su conquérir l'estime générale. C'est une véritable providence pour ceux qui souffrent. Agriculteur lui-même, il expérimente, et fait jouir de ses succès ou de ses découvertes tous les agriculteurs qui se mettent en contact avec lui.

M. Gareau, que nous sommes habitués à voir figurer dans nos fêtes, n'est pas un étranger pour nous. Investi deux fois déjà de notre mandat comme député au corps législatif, il a prouvé par ses actes que notre confiance trouvait en lui un sûr dépôt ; nous savons tous avec quel zèle il l'a rempli. Ami du gouvernement qui nous a donné la paix et nous fait jouir d'une pleine sécurité, il le seconde en homme de bien.

Nous savons aussi tous combien il s'empresse à secourir toutes les infortunes ; à ce titre, comme à tant d'autres nos sympathies lui sont acquises. Fervent ami de l'agriculture, il aime en praticien intelligent, à la favoriser, reconnaissant comme nous tous qu'elle est la ressource du riche et du prolétaire. C'est donc avec un véritable bonheur qu'il prend part à nos fêtes agricoles. Son cœur généreux ne s'arrête pas devant les sacrifices nombreux qu'il s'impose ; et il éprouve tant de satisfaction à recompenser ou à voir récompenser les services des personnes qui font à l'agriculture, comme l'abnégation de leur existence, qu'on l'appelerait à bon droit le père des lauréats.

L'honorable représentant des arrondissements de Coulommiers et Provins, déjà avantageusement connu par ses talents et son vrai mérite, a droit à notre estime. En effet, des travaux tout spéciaux sur l'agriculture, comme la loi sur le crédit foncier, des études sur le drainage, font de M. Josseau un éminent ami de l'art agricole. Nous lui en adressons nos félicitations personnelles. M. Josseau n'est encore qu'au début de sa carrière honorable ; nous le suivrons avec intérêt dans l'avenir brillant qui s'ouvre devant lui.

M. le comte de Moustier, héritier et fidèle imitateur des vertus de ses ancêtres s'est fait remarquer dès son début par des actes de bienfaisance, par son esprit éclairé et par sa bienveillance. Chargé de s'occuper des intérêts de notre canton, il s'est acquitté de ce devoir avec un dévouement que nous savons tous reconnaître et apprécier. Messieurs, nous ne pouvions mieux placer notre confiance qu'en un homme qui est l'ami du canton, et dont le nom retentit dans toutes les bouches comme celui d'un homme de bien.

Activement secondé par la digne compagne de son bonheur, il éprouve de plus grands délices à répandre sa bienfaisance : ils sont autour d'eux une seconde providence.

Comme conseiller d'arrondissement ou comme premier magistrat du canton, M. Bruneau, par son zèle à soutenir et à défendre les intérêts du canton, par son impartialité ou sa sagacité de magistrat, a conquis l'estime générale : c'est un témoignage de toute justice à lui rendre.

Après avoir adressé, Messieurs, quelques paroles de remerciements aux personnes dont la présence embellit notre fête et dont l'intérêt pour l'agriculture est si vif, je passe à la partie non moins importante de cette assemblée.

Les nombreuses dames que je vois figurer ici sont attirées dans cette enceinte par un sentiment tout autre que celui d'une pure curiosité ; elles ne peuvent ignorer qu'elles sont le plus bel ornement de la fête. Mais c'est pour un plus noble motif qu'elles se rendent à une fête de l'agriculture ; elles savent qu'on y couronne la probité et la moralité, et elles viennent y applaudir. Quand il s'agit du bien, Mesdames, vous savez toujours vous placer aux premiers rangs. Merci donc ! merci mille fois de votre présence qui nous rend heureux et qui ajoute à notre fête tant de charmes.

Il me reste, Messieurs, à adresser des remerciements sincères à Messieurs les commissaires de Meaux qui nous ont beaucoup aidés de leurs conseils et de leur expérience, à Messieurs les commissaires de Crécy qui ont déployé tant de zèle et d'intelligence et dont les efforts sont couronnés par de si beaux résultats.

Je n'ai pu remarquer, sans émotion, la bonne volonté de mes chers concitoyens pour travailler à l'embellissement de cette fête, chacun en raison de son âge, de son sexe ou de sa position. Les enfants stimulés par l'exemple de leurs mères ont voulu y contribuer pour leur part. Combien le bon exemple est puissant ! L'empressement, je dirai presque le patriotisme manifesté dans cette circonstance, laissera dans mon cœur une éternelle impression de bonheur. Il est bien doux d'avoir à administrer une commune renfermant tant d'éléments de bonne volonté : j'adresse à mes chers concitoyens les plus chaleureuses félicitations.

M. le colonel du beau régiment des Dragons de l'Impératrice a voulu prendre part à l'éclat de notre fête agricole, en mettant à notre disposition la musique de son régiment, pour doubler agréablement les jouissances de la journée. Au nom de mes chers concitoyens et en mon nom propre, j'adresse à M. le Colonel et à l'habile chef du corps de musique, les remercîments les plus sincères.

J'avais besoin, Messieurs, de votre bienveillante attention ; je vous remercie de me l'avoir accordée et je termine en m'unissant de cœur et d'intention aux cris tant de fois répétés : Honneur à l'agriculture et à ses lauréats ! !

CONCOURS D'INSTRUMENTS.

RÉCOMPENSES DÉCERNÉES PAR LE JURY.

Instruments agricoles.

Médaille de S. M. l'Empereur : à M. Coutelet, du Gué-à-Tresmes, pour sa charrue perfectionnée ;

Médaille de bronze : à MM. Simon et Fleury, de Lagny, pour leur charrue et leur herse articulée ;

Mentions honorables : à M. Verlier, mécanicien, à Meaux, pour sa charrue à double versoir ;

Et à M. Lesseur, de Lagny, pour sa charrue particulièrement utile à la petite culture ; pour son semoir à cinq traçoirs, et pour la persévérance qu'il met à étudier le mode de semer le blé en lignes ;

Le jury a vu avec beaucoup de plaisir le semoir à engrais pulverulents, importé d'Angleterre par M. Fournier, semoir appelé à rendre de grands services à l'agriculture ;

Médaille d'argent : à M. Verlier, déjà cité, pour son extirpateur et sa binette ;

Médaille de bronze : à M. Raoul, de Pierre-Levée, pour son rateleur à branche mobile, du prix de 180 fr.

Instruments divers.

Médaille d'argent : à M. Lequesne, de Meaux, pour sa

pompe élévatoire à double corps, pouvant élever l'eau à 50 mètres ;

Médaille d'argent : à M. Fleury, chef d'institution à Lagny, pour perfectionnement et construction de divers instruments mécaniques, et pour la collection d'outils exécutés par ses élèves.

CONCOURS DE LABOURAGE.

1er Prix. Médaille de bronze et 35 fr. : M. Joannot (Julien), charretier chez M. Chobert, à Montaudier, commune de La Chapelle.

2e Prix. Médaille de bronze et 30 fr. : M. Raoult (Léoni), chez M. Raoult, à Saint-Fiacre.

3e Prix. Médaille de bronze et 25 fr. : M. Lefort (Ernest), chez M. Jarry, à la Noue, commune de Saint-Jean.

4e Prix. Médaille de bronze et 25 fr. : M. Rain (Alfred), chez M. Poirée à Trilbardou.

5e Prix. Médaille de bronze et 20 fr. : M. Flobert (Alexandre), chez M. Chobert, à Montaudier.

CONCOURS D'ANIMAUX.

Chevaux de gros trait.

2e pr. (150 f.), m. arg. : M. Bonnefoy, de Montanglaut.

Poulains de gros trait.

1e pr. (100 f.), m. arg. : M. Benoist (Pierre-Joseph), de Rozoy.

2e pr. (80 f.), m. arg. : M. Chérier, de La Trétoire.

3e pr. (60 f.), m. br. : M. Sarrazin, de Montceaux.

1e mention méd. br. : M. Bonnefoy, de Montanglaut.

2e mention méd. br. : M. Proffit (Adolphe), d'Aulnoy.

Juments de gros trait.

1e pr. (250 f.), m. arg. : M. Proffit (Alphonse), de la Haute-Maison.

2e pr. (150 f.), m. arg. : idem.

3e pr. (60 f.), m. arg. : idem.

1e mention méd. br. : M. Juy (Denis), de Nesles.

Pouliches de gros trait.

1e pr. (100 f.), m. arg. : M. Fasquel (Léon), de Jaignes.

2e pr. (80 f.), m. arg. : M. Fasquel (Adolphe),

3e pr. (60 f.), m. br. : M. Proffit (Jean-Alphonse), de la Haute-Maïson.

Chevaux légers.

1e pr. (250 f.), m. or : M. Bression (François-Julien), de Maisoncelles.

2e pr. (150 f.), m. arg. : M. Minoufflet (Antoine-Prince), de Trilport.

1e mention m. de br. : M. Cadet (Louis-Adolphe), de Montceaux.

2e mention m. de br. : M. Fasquel (Adolphe), de Jaignes.

Poulains.

1ᵉ pr. (100 f.), m. arg. : M. Cadet (Louis-Adolphe), de Montceaux.

2ᵉ pr. (80 f.), m. de br. : M. Bailly (Eugène), de Barcy.

3ᵉ pr. (60 f.), m. de br. : M. Proffit (Jean-Alphonse), de la Haute-Maison.

1ᵉ mention m. de br. : M. Vallet (Pierre-Louis), de Villeneuve-le-Comte.

2ᵉ mention : idem.

Juments.

1ᵉ pr. (250 f.), m. arg. : M. Liénard (César), de la Haute-Maison.

2ᵉ pr. (150 f.), m. arg. : M. Pottier (Auguste), de Beautheil.

3ᵉ pr. (60 f.), m. arg. : M. Proffit (Jean-Alphonse), de la Haute-Maison.

1ᵉ mention m. de br : M. Benoist (Frédéric), de Lizy.

2ᵉ mention m. de br : M. Fasquel (Adolphe), de Jaignes.

Pouliches (trait léger).

1ᵉ pr. (100 f.), m. arg. : M. de Burgraff (Oscar), à Maisoncelles.

2ᵉ pr. (80 f.), m. arg. : M. Vallet (Pierre), de Villeneuve-le-Comte.

3ᵉ pr. (60 f.), m. de br : M. Roche (Adolphe), de Saint-Pathus.

1ᵉ mention m. de br : M. Proffit (Adolphe), de la Haute-Maison.

2ᵉ mention m. de br : M. Leplat (Adrien-Hector), d'Oissery.

Taureaux.

1ᵉ pr. (200 f.), m. arg. : M. Chartier (Pierre-Vincent), cultivateur à Annet.

2ᵉ pr. (150 f.), m. arg. : M. Pottier (Auguste), de Beautheil.

3e pr. (80 f.), m. arg. : M. Solvet (François-Antoine), de Jouarre.

1e mention m. de br : M. Lefranc (Alexandre), de Vaucourtois.

2e mention m. de br : M. Gibert (Augustin-Fortuné), de Maisoncelles.

Vaches.

1e pr. (150 f.), m. arg. : M. Bression (Julien-François), de Maisoncelles.

2e pr. (100 f.), m. arg. : M. Simon, de Touquin.

3e pr. (80 f.), m. de br : M. Chartier (Pierre), de Chessy.

1e mention m. de br : M. Blondel (Philippe), de Mouroux.

2e mention m. de br : M. Gibert (Denis-Ferdinand), de Quincy.

Genisses.

1e pr. (70 f.), m. de br : M. Thiebaut (Charles-Antoine), de Brou.

2e pr. (60 f.), m. de br : M. Martin (Pierre-Adolphe), de Bouleurs.

Mention m. de br : M. Drevault (Jean-Pierre), de Bailly-Romainvilliers.

Verrats.

1e pr. (100 f.). m. arg. : M. Fournier (Louis-Augustin), de Rutel.

2e pr. (70 f.), m. de br : M. Fontaine de Maisoncelles.

1e mention m. de br : M. Boutry (Alphonse), de Meaux.

Truies.

1e pr. (100 f.), m. arg. : M. Fontaine, de Maisoncelles.

2e pr. (70 f.), m. br. : idem.

1e mention méd. br. : M. Fournier (Louis-Augustin), de Rutel.

Béliers.

1e pr. (250 f.), m. or : M. Thiébaut de Brou.

2e pr. (150 f.), m. arg. : M. Juy (Frédéric), de Nesles.

3e pr. (100 f.), m. arg. : M. Chartier, d'Annet.

4e pr. (80 f.), m. arg. : M. Jamas, de La Ferté-sous-Jouarre.

1e mention méd. br. : M. Chartier, d'Annet.

2e mention méd. br. : M. Pivert, Pézarches.

Brebis.

1e pr. (250 f.), m. arg. : M. Fournier, de Rutel.

2e pr. (150 f.), m. arg. : M. Lefèvre, de Saints.

3e pr. (100 f.), m. arg. : M. Royer, de Chevru.

4e pr. (80 f.), m. br. : M. Jamas, de La Ferté-sous-Jouarre.

1e mention méd. br. : M. Aubry, de Chalifert.

Coqs.

1e prime. (20 francs), : M. Barassé (Louis), de Crécy.

2e prime (18 francs), : M. Marniesse, de Coulommiers.

3e prime (16 francs), : M. Lefèvre, à Saints.

4e prime (14 francs), : M. le baron d'Avène, de Villemareuil.

1e mention, : M. Cornillier, de Meaux.

2e mention, : M. Richard, de Saints.

Poules.

1e prime (20 francs), : M. le vicomte d'Avène, de Coulommiers.

2e prime (18 francs), : M. le baron d'Avène, de Villemareuil.

Poules.

3e prime (16 francs). : M. Barassé, à Crécy.

4e prime (14 francs), : M. le baron d'Avène, de Villemareuil.

1e mention, : M. Pichard (Hilaire), de Saints.

2e mention, : M. Lefèvre, de Saints.

Canards.

1e prime (16 francs), : M. Carbonnier, d'Aulnay.

2e prime (14 francs), : M. d'Avène, de Coulommiers.

www.ingramcontent.com/pod-product-compliance
Ingram Content Group UK Ltd.
Pitfield, Milton Keynes, MK11 3LW, UK
UKHW020413180726
13839UKWH00003B/1313

9 782329 347295